Mina Kumari

Cifras e escudos:

Mina Kumari

Cifras e escudos:

Uma viagem à criptografia e à segurança da informação

Imprint

Any brand names and product names mentioned in this book are subject to trademark, brand or patent protection and are trademarks or registered trademarks of their respective holders. The use of brand names, product names, common names, trade names, product descriptions etc. even without a particular marking in this work is in no way to be construed to mean that such names may be regarded as unrestricted in respect of trademark and brand protection legislation and could thus be used by anyone.

Cover image: www.ingimage.com

This book is a translation from the original published under ISBN 978-620-4-95707-4.

Publisher:
Sciencia Scripts
is a trademark of
Dodo Books Indian Ocean Ltd. and OmniScriptum S.R.L publishing group

120 High Road, East Finchley, London, N2 9ED, United Kingdom
Str. Armeneasca 28/1, office 1, Chisinau MD-2012, Republic of Moldova, Europe
Printed at: see last page
ISBN: 978-620-7-87378-4

Cifras e escudos: Uma viagem à criptografia e à segurança da informação

Dr. Mina Kumari

Universidade K.R. Mangalam, Sohna, Gurugram

Cifras e escudos: Uma viagem à criptografia e à segurança da informação

Prefácio

Na era digital, em que a informação é simultaneamente abundante e vulnerável, a necessidade de medidas de segurança robustas é fundamental. A criptografia, a arte da comunicação segura, tem sido uma pedra angular na procura de proteção de informações sensíveis. Neste livro, embarcamos numa viagem ao mundo das cifras e dos escudos, explorando os meandros da criptografia e o seu papel vital na segurança da informação. Através desta viagem, os leitores irão adquirir uma compreensão mais profunda do funcionamento da criptografia, do seu significado histórico, das aplicações modernas e da batalha contínua entre segurança e intrusão no domínio digital.

Saudações calorosas,

Dr. Mina Kumari

Índice

Prefácio 2

Capítulo 1: Fundamentos da criptografia 5

    1.1   Introdução à criptografia.. 5

    1.2   Técnicas básicas de encriptação.. 6

    1.3   Princípios criptográficos modernos 7

    1.4   Cifras históricas 9

Capítulo 2: Criptografia simétrica e assimétrica 12

    2.1   Criptografia simétrica 12

    2.2   Criptografia assimétrica 13

Capítulo 3: Protocolos e aplicações criptográficas................................... 16

    3.1 Protocolos de comunicação segura.. 16

    3.2   Criptografia na autenticação 18

    3.3   Criptografia na integridade e confidencialidade dos dados 20

Capítulo 4: Criptanálise e ataques 22

    4.1   Introdução à criptanálise... 22

    4.2   Técnicas de criptanálise 23

    4.3   Defesa contra ataques de criptanálise 26

Capítulo 5: O futuro da criptografia e da segurança da informação.......... 29

    5.1 Computação quântica e criptografia.. 29

    5.2 Considerações éticas em criptografia 31

    5.3 Tendências e desafios emergentes... 33

Capítulo 6: Criptografia em tecnologias emergentes 36

    6.1 Computação quântica e criptografia.. 36

    6.2 Segurança da Internet das Coisas (IoT).. 37

    6.3   Cadeia de blocos e tecnologia de registo distribuído (DLT) 39

    6.4 Biometria e autenticação 41

    6.5 Tecnologias de preservação da privacidade 43

    6.6 Segurança da inteligência artificial (IA) e da aprendizagem automática 45

    6.7 Criptografia pós-quântica 46

Conclusão 48

Referências 50

Capítulo 1: Fundamentos da criptografia

1.1 Introdução à criptografia

A criptografia, derivada das palavras gregas "kryptós" que significa "escondido" e "gráphein" que significa "escrever", é a arte e a ciência de proteger a comunicação na presença de adversários. Envolve a utilização de algoritmos e técnicas matemáticas para converter texto simples (informação não encriptada) em texto cifrado (informação encriptada) de tal forma que se torna ininteligível para qualquer pessoa, exceto para as partes autorizadas.

Antecedentes históricos:

- A criptografia tem uma história rica que remonta a milhares de anos. As civilizações antigas, como os egípcios, os gregos e os romanos, utilizavam vários métodos de comunicação secreta para proteger informações sensíveis.

- Um dos primeiros exemplos conhecidos de criptografia é a cifra de César, atribuída a Júlio César, que consistia em deslocar cada letra do alfabeto num número fixo de posições.

- Ao longo da história, a criptografia tem sido utilizada para fins militares, diplomáticos e políticos. Figuras históricas famosas, como Júlio César, Mary Queen of Scots e Thomas Jefferson, utilizaram técnicas criptográficas para ocultar as suas comunicações.

Criptografia moderna:

- O advento dos computadores e a era digital revolucionaram a criptografia, levando ao desenvolvimento de algoritmos matemáticos complexos e técnicas de encriptação e desencriptação.

- A criptografia moderna engloba uma vasta gama de sistemas e protocolos criptográficos concebidos para proporcionar confidencialidade, integridade, autenticação e não-repúdio na comunicação digital.

- Os algoritmos criptográficos são classificados em esquemas de encriptação simétricos e assimétricos, cada um com o seu próprio conjunto de vantagens e aplicações.

Importância da criptografia:

- Na era digital, em que grandes quantidades de informação sensível são transmitidas através de redes inseguras, a criptografia desempenha um papel crucial na garantia da confidencialidade e integridade dos dados.

- A criptografia permite transacções em linha seguras, protege comunicações sensíveis, salvaguarda a privacidade pessoal e ajuda a manter a segurança de infra-estruturas e sistemas críticos.

Desafios da criptografia:

- Apesar da sua importância, a criptografia enfrenta inúmeros desafios e vulnerabilidades. Os atacantes procuram continuamente explorar as fraquezas dos algoritmos e protocolos criptográficos para comprometer a segurança.

- A gestão de chaves, a complexidade algorítmica e a emergência da computação quântica colocam desafios significativos no domínio da criptografia.

Direcções futuras:

- O futuro da criptografia é simultaneamente promissor e incerto. As tecnologias emergentes, como a computação quântica e a cadeia de blocos, apresentam novas oportunidades e desafios para a investigação e o desenvolvimento criptográficos.

- A inovação e a colaboração contínuas entre investigadores, matemáticos, criptógrafos e peritos em cibersegurança serão essenciais para enfrentar as ameaças em evolução e garantir a segurança das comunicações digitais nos próximos anos.

1.2 Técnicas básicas de encriptação

A encriptação é o processo de conversão de texto simples em texto cifrado utilizando um algoritmo e uma chave. As técnicas básicas de encriptação formam os blocos de construção de sistemas criptográficos mais complexos. Nesta secção, exploramos alguns métodos fundamentais utilizados na encriptação.

Cifras de substituição:

- As cifras de substituição envolvem a substituição de cada letra do texto simples por outra letra ou símbolo de acordo com uma regra pré-determinada.

- Uma das cifras de substituição mais simples é a cifra de César, cujo nome é uma homenagem a Júlio César. Envolve a deslocação de cada letra do alfabeto por um número fixo de posições.

- Exemplo: Com uma cifra de César com um deslocamento de 3, "HELLO" torna-se "KHOOR".

Cifras de transposição:

- As cifras de transposição envolvem a reorganização da ordem das letras no texto simples de acordo com um padrão específico.

- Uma cifra de transposição comum é a cifra de carril, em que o texto simples é escrito num padrão em ziguezague ao longo de vários "carris" ou linhas, e depois lido linha a linha para criar o texto cifrado.

- Exemplo: Com uma cifra de vedação de carris com dois carris, "HELLO" torna-se "HLOEL".

Técnicas de combinação:

- Os criptógrafos combinam frequentemente técnicas de substituição e transposição para criar métodos de encriptação mais seguros.

- Um exemplo disto é a cifra Playfair, que combina elementos de substituição e transposição para encriptar pares de letras.

- Outro exemplo é a cifra Vigenere, que utiliza uma palavra-chave para determinar o padrão de deslocação de cada letra, proporcionando uma forma mais complexa de substituição.

Pontos fortes e fracos:

- As técnicas básicas de encriptação são relativamente fáceis de implementar e compreender, o que as torna acessíveis aos principiantes.

- No entanto, também são vulneráveis a vários ataques criptográficos, incluindo análise de frequência, ataques de força bruta e ataques de texto conhecido.

- Embora as cifras de substituição e transposição tenham sido historicamente utilizadas para garantir o sigilo, já não são consideradas seguras para as aplicações modernas devido à sua suscetibilidade a ataques.

Importância pedagógica e histórica:

- Apesar da sua falta de segurança em contextos modernos, as técnicas básicas de encriptação têm um significado educativo e histórico.

- O estudo destas técnicas permite conhecer o desenvolvimento histórico da criptografia e o engenho dos primeiros criptógrafos.

- As técnicas básicas de encriptação servem de base para a compreensão de sistemas criptográficos e algoritmos mais complexos utilizados na criptografia moderna.

Na próxima secção, iremos aprofundar os princípios e algoritmos criptográficos modernos, incluindo esquemas de encriptação simétricos e assimétricos.

1.3 Princípios criptográficos modernos

A criptografia moderna engloba uma gama diversificada de princípios e técnicas concebidos para proporcionar uma comunicação segura na era digital. Nesta secção, exploramos alguns dos princípios-chave subjacentes aos sistemas criptográficos modernos.

Fundamentos matemáticos:

- A criptografia moderna baseia-se fortemente em conceitos e princípios matemáticos. Algumas das áreas matemáticas fundamentais incluem a teoria dos números, a álgebra e a teoria da complexidade computacional.

- A teoria dos números constitui a base de muitos algoritmos criptográficos, nomeadamente os que envolvem números primos e aritmética modular.

- As estruturas algébricas, como grupos, anéis e campos, são utilizadas na conceção e análise de algoritmos criptográficos.

Algoritmos criptográficos:

- Os algoritmos criptográficos são procedimentos matemáticos utilizados para encriptar e desencriptar dados. São classificados em esquemas de encriptação simétricos e assimétricos.

- Os algoritmos de encriptação simétrica utilizam uma única chave para encriptação e desencriptação. Exemplos incluem o Advanced Encryption Standard (AES), o Data Encryption Standard (DES) e o Triple DES.

- Os algoritmos de encriptação assimétrica, também conhecidos como criptografia de chave pública, utilizam um par de chaves: uma chave pública para a encriptação e uma chave privada para a desencriptação. Exemplos incluem o RSA (Rivest-Shamir-Adleman) e a Criptografia de Curva Elíptica (ECC).

Propriedades de segurança:

- Os sistemas criptográficos são concebidos para fornecer determinadas propriedades de segurança, incluindo a confidencialidade, a integridade, a autenticação e o não-repúdio.

- A confidencialidade garante que apenas as partes autorizadas podem aceder e compreender os dados encriptados.

- A integridade garante que os dados não foram alterados ou adulterados durante a transmissão.

- A autenticação verifica a identidade das partes em comunicação, impedindo a falsificação de identidade e o acesso não autorizado.

- A não repudiação garante que um remetente não pode negar a autenticidade de uma mensagem que tenha enviado.

Gestão de chaves:

- A gestão de chaves é um aspeto crítico dos sistemas criptográficos, envolvendo a geração, distribuição e armazenamento de chaves criptográficas.

- A encriptação simétrica requer a troca segura de chaves secretas entre as partes comunicantes.

- A encriptação assimétrica alivia alguns desafios de gestão de chaves ao utilizar um par de chaves, mas continua a exigir uma gestão cuidadosa das chaves privadas.

Protocolos criptográficos:

- Os protocolos criptográficos são conjuntos de regras e procedimentos que regem a comunicação segura através de redes.

- Os exemplos incluem os protocolos Secure Sockets Layer (SSL) e Transport Layer Security (TLS) para proteger o tráfego na Web e o protocolo Pretty Good Privacy (PGP) para proteger a comunicação por correio eletrónico.

C desafios e considerações:

- Apesar da sua eficácia, os sistemas criptográficos enfrentam vários desafios e considerações, incluindo a complexidade algorítmica, o comprimento das chaves, as vulnerabilidades de implementação e a emergência da computação quântica.

Compreender estes princípios criptográficos modernos é essencial para conceber e implementar sistemas de comunicação seguros no mundo digital atual. Na próxima secção, exploraremos as cifras históricas e o seu significado no desenvolvimento da criptografia.

1.4 Cifras históricas

As cifras históricas representam as primeiras formas de técnicas criptográficas utilizadas pelas civilizações antigas e pelos primeiros criptógrafos. Apesar da sua simplicidade em comparação com os algoritmos criptográficos modernos, estas cifras desempenharam um papel significativo na segurança das comunicações ao longo da história. Nesta secção, exploramos algumas das cifras históricas mais notáveis e o seu impacto.

Cifra de César:

- A cifra de César, cujo nome vem de Júlio César, é uma das primeiras técnicas de encriptação conhecidas.

- É uma cifra de substituição em que cada letra do texto simples é deslocada por um número fixo de posições no alfabeto.

- Por exemplo, com um deslocamento de 3, a letra "A" seria encriptada como "D", "B" como "E", e assim por diante.

- A cifra Caesar foi utilizada por Júlio César para comunicar com os seus generais, embora oferecesse uma segurança mínima e pudesse ser facilmente quebrada com métodos de força bruta.

Cifra de Vigenere:

- A cifra de Vigenere é uma forma mais complexa de cifra de substituição, inventada pelo criptógrafo francês Blaise de Vigenere no século XVI.

- Ao contrário da cifra de César, a cifra de Vigenere utiliza uma palavra-chave para determinar o padrão de deslocação de cada letra.

- A palavra-chave é repetida para corresponder ao comprimento do texto simples, e cada letra da palavra-chave corresponde a um valor de deslocamento diferente.

- A cifra de Vigenere oferecia maior segurança do que as cifras de substituição simples e foi considerada inquebrável durante séculos até que Charles Babbage e Friedrich Kasiski descobriram independentemente métodos para a decifrar.

Cifra Playfair:

- A cifra Playfair, inventada por Sir Charles Wheatstone em 1854 e mais tarde popularizada por Lord Playfair, é uma cifra de substituição de dígrafos.

- Funciona com pares de letras, ou digrafos, em vez de letras simples, o que torna mais difícil a sua descodificação do que as cifras monoalfabéticas.

- O processo de encriptação envolve a criação de uma grelha 5x5 contendo uma palavra-chave e a utilização de regras específicas para encriptar digrafos com base nas suas posições na grelha.

- Apesar da sua complexidade em relação às cifras anteriores, a cifra Playfair acabou por ser quebrada através da análise de frequência e de outras técnicas de criptanálise.

Máquina Enigma:

- A máquina Enigma, desenvolvida no início do século XX e famosa por ter sido utilizada pelo exército alemão durante a Segunda Guerra Mundial, representou um avanço significativo na tecnologia criptográfica.

- Tratava-se de uma máquina de rotor eletromecânica que encriptava as mensagens através de um sistema complexo de rotores rotativos, ligações de placas de encaixe e reflectores.

- A máquina Enigma gerava uma chave de encriptação diferente para cada mensagem, o que tornava extremamente difícil aos criptanalistas aliados decifrar as comunicações interceptadas.

- A quebra da cifra Enigma pelos decifradores de códigos britânicos em Bletchley Park, incluindo Alan Turing e a sua equipa, desempenhou um papel crucial na vitória dos Aliados na Segunda Guerra Mundial.

Importância:

- As cifras históricas desempenharam um papel crucial no desenvolvimento da criptografia, abrindo caminho para técnicas criptográficas mais sofisticadas utilizadas atualmente.

- Embora muitas cifras históricas já não sejam consideradas seguras, o seu estudo permite conhecer a evolução da criptografia e o engenho dos primeiros criptógrafos.

- A quebra de cifras históricas complexas, como a da máquina Enigma, representa um feito significativo na história da criptanálise e da recolha de informações.

Compreender as cifras históricas e as suas vulnerabilidades é essencial para compreender os desafios e os avanços no domínio da criptografia. Na próxima secção, iremos aprofundar os algoritmos criptográficos modernos e os seus fundamentos matemáticos.

Capítulo 2: Criptografia simétrica e assimétrica

A criptografia simétrica e a criptografia assimétrica são duas técnicas criptográficas principais utilizadas para proteger a comunicação e a transmissão de dados. Neste capítulo, exploramos a criptografia simétrica e a criptografia assimétrica, começando pela criptografia simétrica.

2.1 Criptografia simétrica

A criptografia simétrica, também conhecida como criptografia de chave secreta, é um método criptográfico em que a mesma chave é utilizada tanto para a encriptação como para a desencriptação de dados. Esta chave secreta partilhada deve ser mantida confidencial entre as partes comunicantes para garantir uma comunicação segura. A criptografia simétrica caracteriza-se pela sua eficiência e simplicidade, o que a torna adequada para encriptar grandes quantidades de dados.

Conceitos-chave:

- **Chave secreta partilhada:** Na criptografia simétrica, as partes comunicantes partilham uma chave secreta, que é utilizada tanto para encriptar como para desencriptar mensagens. A segurança do sistema assenta no facto de manter esta chave secreta dos adversários.

- **Encriptação e desencriptação:** O processo de encriptação envolve a aplicação de um algoritmo de encriptação à mensagem de texto simples utilizando a chave secreta partilhada, resultando no texto cifrado. O processo de desencriptação inverte esta operação, aplicando um algoritmo de desencriptação ao texto cifrado utilizando a mesma chave secreta partilhada para recuperar o texto simples original.

- **Algoritmos:** Existem vários algoritmos de encriptação simétrica, cada um com os seus pontos fortes e fracos. Alguns dos algoritmos de encriptação simétrica mais utilizados incluem:

  - **Norma de encriptação avançada (AES):** Um algoritmo de encriptação simétrica amplamente adotado, conhecido pela sua segurança e eficiência. O AES opera em blocos de dados de tamanho fixo e suporta comprimentos de chave de 128, 192 ou 256 bits.

  - **Norma de encriptação de dados (DES):** Um algoritmo de encriptação simétrica mais antigo, desenvolvido na década de 1970. Apesar da sua utilização generalizada no passado, o DES é atualmente considerado inseguro devido ao tamanho reduzido da chave (56 bits) e à vulnerabilidade a ataques de força bruta.

  - **Triplo DES (3DES):** Uma variante do DES que aplica o algoritmo de encriptação DES três vezes, utilizando chaves diferentes. O 3DES proporciona maior segurança em comparação com o DES, mas é menos eficiente devido às suas velocidades de encriptação e desencriptação mais lentas.

- **Blowfish, Twofish e IDEA:** Outros algoritmos de encriptação simétrica que oferecem diferentes níveis de segurança e desempenho.

Pontos fortes e limitações:

- **Eficiência:** A criptografia simétrica é computacionalmente eficiente, o que a torna adequada para encriptar grandes volumes de dados em tempo real.

- **Gestão de chaves:** Um dos desafios da criptografia simétrica é a gestão das chaves, nomeadamente a distribuição e o armazenamento seguros da chave secreta partilhada. Os mecanismos de distribuição de chaves, como os protocolos de troca de chaves, desempenham um papel crucial para garantir a segurança dos sistemas de cifragem simétrica.

- **Ponto Único de Falha:** A utilização de uma única chave secreta partilhada apresenta um potencial ponto único de falha na criptografia simétrica. Se a chave for comprometida, um adversário pode decifrar todas as comunicações encriptadas com essa chave.

- **Escalabilidade:** A criptografia simétrica pode enfrentar desafios de escalabilidade em cenários que envolvam um grande número de partes comunicantes, uma vez que cada par de partes requer uma chave secreta partilhada única.

Aplicações:

- A criptografia simétrica é amplamente utilizada em várias aplicações, incluindo:

- Comunicação segura através de redes (por exemplo, HTTPS para navegação segura na Web).

- Encriptação de dados para armazenamento e transmissão (por exemplo, encriptação de discos, encriptação de ficheiros).

- Autenticação e verificação da integridade (por exemplo, códigos de autenticação de mensagens).

2.2 Criptografia assimétrica

A criptografia assimétrica, também conhecida como criptografia de chave pública, é um método criptográfico que utiliza um par de chaves para encriptação e desencriptação: uma chave pública e uma chave privada. Ao contrário da criptografia simétrica, em que a mesma chave é utilizada tanto para a encriptação como para a desencriptação, a criptografia assimétrica utiliza chaves separadas para estas operações. Nesta secção, exploramos os princípios, os algoritmos, os pontos fortes e as aplicações da criptografia assimétrica.

Conceitos-chave:

- **Chaves públicas e privadas:** Na criptografia assimétrica, cada entidade tem um par de chaves: uma chave pública e uma chave privada. A chave pública é amplamente distribuída e utilizada para encriptação, enquanto a chave privada é mantida em segredo e utilizada para desencriptação.

- **Encriptação e desencriptação:** Para enviar uma mensagem encriptada, o remetente utiliza a chave pública do destinatário para encriptar a mensagem. Apenas o destinatário, que possui a chave privada correspondente, pode desencriptar e ler a mensagem.

- **Assinaturas digitais:** A criptografia assimétrica também permite a criação e verificação de assinaturas digitais, que fornecem autenticação, integridade e não-repúdio. Um remetente assina uma mensagem utilizando a sua chave privada e os destinatários podem verificar a assinatura utilizando a chave pública do remetente.

- **Geração de chaves:** Os pares de chaves assimétricas são gerados utilizando algoritmos criptográficos que garantem a segurança das chaves. A geração de chaves envolve normalmente a seleção de grandes números primos e a realização de operações matemáticas para obter as chaves pública e privada.

Algoritmos:

- **RSA (Rivest-Shamir-Adleman):** Um dos primeiros e mais utilizados algoritmos de encriptação assimétrica. O RSA baseia-se na dificuldade de fatorizar grandes números compostos nos seus factores primos para garantir a sua segurança.

- **Criptografia de curva elíptica (ECC):** Uma alternativa ao RSA que oferece segurança equivalente com tamanhos de chave mais pequenos. A ECC baseia-se na estrutura algébrica das curvas elípticas sobre campos finitos, o que a torna mais eficiente em termos de recursos computacionais.

- **Troca de chaves Diffie-Hellman:** Embora não seja um algoritmo de encriptação propriamente dito, a troca de chaves Diffie-Hellman é um protocolo criptográfico utilizado para estabelecer de forma segura uma chave secreta partilhada entre duas partes através de um canal inseguro. Constitui a base de muitos protocolos de comunicação seguros, incluindo o SSL/TLS.

Pontos fortes e limitações:

- **Segurança:** A criptografia assimétrica oferece fortes garantias de segurança, uma vez que a chave privada permanece secreta e não pode ser derivada apenas da chave pública.

- **Distribuição de chaves:** A criptografia assimétrica resolve o problema da distribuição de chaves inerente à criptografia simétrica, uma vez que apenas as chaves públicas precisam de ser amplamente distribuídas.

- **Complexidade computacional:** A criptografia assimétrica tende a ser computacionalmente mais intensiva do que a criptografia simétrica, particularmente para a geração de chaves e operações de desencriptação.

- **Comprimentos das chaves:** A segurança da encriptação assimétrica depende fortemente do comprimento das chaves utilizadas. Os comprimentos de chave mais longos proporcionam maior segurança, mas também aumentam a sobrecarga computacional.

Aplicações:

- **Comunicação segura:** A criptografia assimétrica é utilizada para estabelecer canais de comunicação seguros através de redes, como SSL/TLS para navegação segura na Web e SSH para acesso remoto seguro.

- **Assinaturas digitais:** A criptografia assimétrica permite a criação e verificação de assinaturas digitais, utilizadas para assinatura de documentos, autenticação de correio eletrónico e validação de software.

- **Troca de chaves:** A criptografia assimétrica facilita os protocolos de troca de chaves seguras, como a troca de chaves Diffie-Hellman, utilizada em protocolos de comunicação seguros como o SSL/TLS.

A criptografia assimétrica revolucionou o domínio da criptografia ao resolver os desafios da distribuição de chaves e ao fornecer fortes garantias de segurança. A sua adoção generalizada em várias aplicações sublinha a sua importância na segurança das comunicações e transacções digitais.

Capítulo 3: Protocolos e aplicações criptográficas

Os protocolos criptográficos desempenham um papel crucial na garantia de uma comunicação segura em redes e na Internet. Neste capítulo, exploramos vários protocolos criptográficos e as suas aplicações, começando pelos protocolos de comunicação segura.

3.1 Protocolos de comunicação segura

Os protocolos de comunicação segura são conjuntos de regras e procedimentos concebidos para estabelecer ligações seguras entre partes comunicantes através de redes potencialmente inseguras. Estes protocolos utilizam técnicas criptográficas para garantir a confidencialidade, integridade e autenticidade dos dados transmitidos. Alguns protocolos de comunicação segura proeminentes incluem:

SSL/TLS (Secure Sockets Layer/Transport Layer Security):

- Os protocolos SSL/TLS são amplamente utilizados para proteger a comunicação entre os navegadores Web e os servidores através da Internet.

- Fornecem mecanismos de encriptação e autenticação para proteger os dados transmitidos por HTTP, formando ligações HTTPS.

- Os protocolos SSL/TLS utilizam a criptografia assimétrica para a troca de chaves e a criptografia simétrica para a encriptação de dados, proporcionando um equilíbrio entre segurança e desempenho.

- O SSL/TLS assegura a confidencialidade, encriptando os dados durante a transmissão, a integridade, detectando a adulteração ou modificação dos dados, e a autenticidade, verificando a identidade do servidor através de certificados digitais.

IPsec (Segurança do Protocolo Internet):

- O IPsec é um conjunto de protocolos utilizados para proteger a comunicação do protocolo Internet (IP) no nível da rede.

- Fornece autenticação, encriptação e proteção de integridade para pacotes IP, garantindo a transmissão segura de dados entre dispositivos de rede.

- O IPsec pode ser utilizado para estabelecer redes privadas virtuais (VPN) para ligar de forma segura escritórios remotos ou utilizadores a uma rede empresarial através da Internet.

- O IPsec funciona em dois modos principais: O modo de transporte, que encripta apenas a carga útil de dados dos pacotes IP, e o modo de túnel, que encripta todo o pacote IP.

SSH (Secure Shell):

- O SSH é um protocolo criptográfico utilizado para acesso remoto seguro e transferência de ficheiros através de redes inseguras.

- Fornece acesso seguro à linha de comandos, execução remota de comandos e capacidades de transferência de ficheiros.

- O SSH utiliza criptografia assimétrica para troca de chaves e autenticação de sessão, garantindo uma comunicação segura entre clientes e servidores.

- O SSH fornece proteção de confidencialidade e integridade aos dados transmitidos através da rede, impedindo a escuta e a adulteração por partes maliciosas.

PGP (Pretty Good Privacy) / GPG (GNU Privacy Guard):

- O PGP e o GPG são protocolos criptográficos utilizados para comunicações de correio eletrónico seguras e encriptação de dados.

- Fornecem encriptação de ponta a ponta para mensagens de correio eletrónico, garantindo que apenas o destinatário pretendido pode ler o conteúdo da mensagem.

- O PGP/GPG utiliza uma combinação de técnicas de encriptação assimétrica e simétrica para encriptar mensagens de correio eletrónico, juntamente com assinaturas digitais para autenticação de mensagens e verificação de integridade.

- O PGP/GPG permite aos utilizadores trocarem chaves públicas de forma segura, permitindo-lhes comunicar de forma segura sem dependerem de uma autoridade central.

Protocolos da camada de aplicação (por exemplo, HTTPS, S/MIME):

- Vários protocolos da camada de aplicação utilizam técnicas criptográficas para proteger tipos específicos de comunicação e transmissão de dados.

- O HTTPS (Hypertext Transfer Protocol Secure) é utilizado para proteger a comunicação entre os navegadores Web e os servidores, encriptando os dados trocados durante as sessões de navegação Web.

- O S/MIME (Secure/Multipurpose Internet Mail Extensions) proporciona uma comunicação segura por correio eletrónico, acrescentando capacidades de encriptação e assinatura digital aos protocolos de correio eletrónico normais.

Os protocolos de comunicação segura são essenciais para proteger informações sensíveis e garantir a privacidade e a segurança dos dados transmitidos através das redes. A compreensão destes protocolos e dos seus mecanismos criptográficos é crucial para a conceção e implementação de sistemas de comunicação seguros no atual panorama digital.

3.2 Criptografia na autenticação

A autenticação é um aspeto fundamental da segurança, garantindo que os utilizadores e as entidades são quem afirmam ser. A criptografia desempenha um papel crucial nos protocolos de autenticação, fornecendo mecanismos para verificar as identidades das partes em comunicação de forma segura. Nesta secção, exploramos a forma como a criptografia é utilizada nos protocolos de autenticação e a sua importância para garantir o acesso seguro a sistemas e serviços.

Autenticação baseada em palavra-passe:

- A autenticação baseada em palavra-passe é um dos métodos de autenticação mais simples e mais utilizados.

- Nesta abordagem, os utilizadores fornecem um nome de utilizador e uma palavra-passe para provar a sua identidade e obter acesso a um sistema ou serviço.

- A criptografia é utilizada para armazenar e transmitir palavras-passe de forma segura, normalmente através do hashing das palavras-passe antes do armazenamento e utilizando protocolos seguros (por exemplo, HTTPS) para a transmissão.

Autenticação por resposta a desafio:

- Os protocolos de autenticação por desafio-resposta envolvem um servidor que desafia um cliente a provar a sua identidade respondendo a um desafio.

- Um exemplo de um protocolo de desafio-resposta é o protocolo de autenticação Challenge-Handshake (CHAP) utilizado em cenários de autenticação remota.

- A criptografia é utilizada para proteger o processo de desafio-resposta, garantindo que apenas as partes autorizadas podem gerar respostas válidas ao desafio.

Infraestrutura de chave pública (PKI):

- A infraestrutura de chave pública (PKI) é uma estrutura que fornece a infraestrutura necessária para a comunicação e autenticação seguras utilizando criptografia de chave pública.

- A PKI baseia-se em certificados digitais emitidos por Autoridades de Certificação (CAs) fiáveis para verificar as identidades das entidades.

- A criptografia é utilizada na PKI para gerar, assinar e verificar certificados digitais, garantindo a integridade e a autenticidade das informações do certificado.

Assinaturas digitais:

- As assinaturas digitais são mecanismos criptográficos utilizados para fornecer autenticação e proteção da integridade de mensagens e documentos.

- Uma assinatura digital é criada encriptando um hash da mensagem com a chave privada do remetente, que pode ser verificada por qualquer pessoa com acesso à chave pública do remetente.

- As assinaturas digitais são amplamente utilizadas na comunicação por correio eletrónico (por exemplo, S/MIME), assinatura de documentos, distribuição de software e transacções electrónicas.

Autenticação biométrica:

- A autenticação biométrica baseia-se em características físicas ou comportamentais únicas dos indivíduos, tais como impressões digitais, padrões da íris ou impressões vocais, para verificar as suas identidades.

- A criptografia é utilizada para armazenar e transmitir dados biométricos de forma segura, garantindo a privacidade e protegendo contra o acesso não autorizado.

- A autenticação biométrica pode ser combinada com técnicas criptográficas (por exemplo, assinaturas digitais) para aumentar a segurança e a privacidade dos sistemas de autenticação.

Autenticação multi-fator (MFA):

- A autenticação multifactor (MFA) combina dois ou mais factores de autenticação (por exemplo, palavras-passe, biometria, tokens) para aumentar a segurança.

- A criptografia é frequentemente utilizada em sistemas MFA para combinar e verificar de forma segura múltiplos factores de autenticação, garantindo uma autenticação robusta.

Papel da criptografia:

- A criptografia desempenha um papel fundamental na autenticação, fornecendo mecanismos para verificar de forma segura as identidades das partes em comunicação.

- As técnicas criptográficas, como o hashing, as assinaturas digitais e a criptografia de chave pública, são essenciais para proteger os dados de autenticação e garantir a integridade e a autenticidade dos processos de autenticação.

A autenticação é uma pedra angular da cibersegurança e a criptografia fornece a base para mecanismos de autenticação seguros e fiáveis. Compreender o papel da criptografia na autenticação é essencial para conceber e implementar sistemas de autenticação seguros em várias aplicações e ambientes.

3.3 Criptografia na integridade e confidencialidade dos dados

A criptografia serve de pedra angular na manutenção da segurança dos dados, garantindo a sua integridade e confidencialidade. Nesta secção, exploramos a forma como as técnicas criptográficas são utilizadas para manter estes aspectos cruciais da segurança dos dados.

Integridade dos dados:

- A integridade dos dados garante que os dados permanecem inalterados e não corrompidos durante o armazenamento, a transmissão e o processamento.

- A criptografia protege a integridade dos dados através de técnicas como o hashing e os códigos de autenticação de mensagens (MAC).

- **Funções de hash:** As funções de hash criptográficas geram valores de hash de tamanho fixo (digests) a partir de dados arbitrários. Estes hashes são únicos para os dados de entrada e são computacionalmente inviáveis de reverter. Ao comparar os valores de hash dos dados antes e depois da transmissão, a integridade pode ser verificada. As funções de hash comuns incluem o SHA-256 e o MD5, embora este último esteja atualmente obsoleto devido a vulnerabilidades.

- **Códigos de autenticação de mensagens (MACs):** Os MAC são construções criptográficas utilizadas para verificar a integridade e a autenticidade das mensagens. Envolvem a combinação de uma chave secreta com a mensagem para gerar uma etiqueta, que é anexada à mensagem. O destinatário utiliza a mesma chave para calcular a etiqueta e compara-a com a recebida. Se coincidirem, a integridade da mensagem é confirmada. O HMAC (Hash-based Message Authentication Code) é uma construção MAC popular utilizada em vários protocolos de segurança.

Confidencialidade dos dados:

- A confidencialidade dos dados garante que estes permanecem inacessíveis a entidades não autorizadas, protegendo assim as informações sensíveis.

- A criptografia alcança a confidencialidade dos dados através da encriptação, ocultando o conteúdo dos dados do acesso não autorizado.

- **Encriptação simétrica:** Os algoritmos de encriptação simétrica, como o AES (Advanced Encryption Standard) e o DES (Data Encryption Standard), utilizam uma única chave secreta para a encriptação e a desencriptação. Os dados são encriptados utilizando a chave, tornando-os ilegíveis sem a chave. No entanto, o desafio reside na partilha segura da chave entre as partes autorizadas.

- **Encriptação assimétrica:** A encriptação assimétrica, ou criptografia de chave pública, utiliza um par de chaves: uma chave pública e uma chave privada. A chave pública é utilizada para encriptação, enquanto a chave privada é utilizada para desencriptação. Isto elimina a necessidade de troca segura de chaves, uma vez que apenas o detentor da chave privada pode desencriptar os dados. O RSA e a Criptografia de Curva Elíptica (ECC) são algoritmos de encriptação assimétrica comuns utilizados para a confidencialidade dos dados.

- **Encriptação híbrida:** A encriptação híbrida combina a eficiência da encriptação simétrica com a segurança da encriptação assimétrica. Nesta abordagem, os dados são encriptados com um algoritmo de encriptação simétrica e a chave simétrica utilizada para a encriptação é depois encriptada com a chave pública do destinatário. A chave simétrica cifrada e os dados cifrados são enviados em conjunto para o destinatário, que utiliza a sua chave privada para decifrar a chave simétrica e depois a utiliza para decifrar os dados. Esta abordagem garante uma transmissão de dados segura e eficiente.

Integridade e confidencialidade dos dados na prática:

- A criptografia é utilizada em vários cenários do mundo real para garantir a integridade e a confidencialidade dos dados. Por exemplo:

  - Os protocolos de comunicação segura, como o SSL/TLS, utilizam mecanismos criptográficos para encriptar os dados durante a transmissão e verificar a sua integridade, garantindo uma navegação segura na Web.

  - O software de encriptação de discos utiliza técnicas criptográficas para encriptar os dados armazenados nas unidades de disco, protegendo-os contra o acesso não autorizado em caso de roubo ou perda.

  - As assinaturas digitais fornecem um meio de verificar a integridade e autenticidade dos documentos assinados eletronicamente, garantindo a sua validade em contextos jurídicos e comerciais.

Ao utilizar técnicas criptográficas para a integridade e confidencialidade dos dados, as organizações podem proteger as suas informações sensíveis contra o acesso não autorizado, a adulteração e a interceção, preservando assim a confiança e a integridade dos seus activos de dados.

Capítulo 4: Criptanálise e ataques

4.1 Introdução à criptanálise

A criptanálise é a ciência e a arte de quebrar sistemas criptográficos através da análise das suas fraquezas e vulnerabilidades. Enquanto a criptografia tem como objetivo garantir a confidencialidade, integridade e autenticidade dos dados, a criptanálise procura descobrir falhas nos algoritmos e protocolos criptográficos para os explorar para acesso ou manipulação não autorizados. Nesta secção, aprofundamos os fundamentos da criptanálise, os seus objectivos, técnicas e importância no domínio da cibersegurança.

Objectivos da criptanálise:

1. **Descodificação de dados encriptados:** O principal objetivo da criptanálise é decifrar dados encriptados sem acesso à chave secreta ou ao mecanismo de desencriptação. Isto implica a identificação de pontos fracos no algoritmo de encriptação ou no processo de gestão de chaves para recuperar o texto simples a partir do texto cifrado.

2. **Identificação de fraquezas criptográficas:** A criptoanálise tem como objetivo identificar fraquezas e vulnerabilidades em algoritmos criptográficos, protocolos e implementações. Ao compreender estas fraquezas, os criptanalistas podem conceber ataques para as explorar e comprometer a segurança dos sistemas criptográficos.

3. **Desenvolvimento de contramedidas:** A criptanálise desempenha um papel crucial no desenvolvimento de contramedidas para reforçar os sistemas criptográficos contra ataques. Ao analisar ataques e vulnerabilidades conhecidos, os criptógrafos podem conceber algoritmos de encriptação, protocolos e práticas de gestão de chaves mais resistentes.

Técnicas de criptanálise:

1. **Ataques de força bruta:** Os ataques de força bruta envolvem a tentativa sistemática de todas as chaves ou combinações possíveis para decifrar dados encriptados. Embora eficazes contra esquemas de encriptação fracos com pequenos espaços de chaves, os ataques de força bruta tornam-se impraticáveis para algoritmos com grandes espaços de chaves.

2. **Análise de frequência:** A análise de frequência explora padrões na frequência de letras, palavras ou símbolos em dados encriptados para deduzir informações sobre o texto simples. Esta técnica é particularmente eficaz contra cifras de substituição simples, em que cada símbolo de texto simples é consistentemente substituído pelo mesmo símbolo de texto cifrado.

3. **Ataques de texto conhecido:** Nos ataques de texto conhecido, o criptanalista tem acesso a pares de texto simples e texto cifrado correspondente. Ao analisar estes pares, o criptanalista tenta deduzir informações sobre o algoritmo de

encriptação ou a chave para desencriptar outros textos cifrados com a mesma chave.

4. **Ataques de texto escolhido:** Os ataques de escolha de texto simples permitem ao criptanalista escolher textos simples arbitrários e observar os textos cifrados correspondentes. Ao analisar estes pares, o criptanalista pretende deduzir informações sobre o algoritmo de encriptação ou a chave para desencriptar outros textos cifrados com a mesma chave.

5. **Criptoanálise de Algoritmos Simétricos e Assimétricos:** As técnicas de criptanálise variam consoante o tipo de algoritmo criptográfico que está a ser analisado. Os algoritmos de encriptação simétricos são vulneráveis a ataques como a criptanálise diferencial e a criptanálise linear, enquanto os algoritmos de encriptação assimétricos podem ser susceptíveis a ataques que exploram propriedades matemáticas ou deficiências na geração de chaves.

Importância da criptanálise:

1. **Melhoria da segurança:** A criptanálise desempenha um papel crucial na melhoria da segurança dos sistemas criptográficos, identificando pontos fracos e vulnerabilidades que podem ser explorados pelos adversários. Ao compreender os potenciais vectores de ataque, os criptógrafos podem desenvolver algoritmos e protocolos de encriptação mais fortes.

2. **Avaliação dos riscos de segurança:** A criptoanálise permite que os profissionais de segurança avaliem os riscos de segurança associados a vários sistemas e implementações criptográficas. Ao analisar potenciais vulnerabilidades, as organizações podem tomar decisões informadas sobre a seleção e implementação de soluções criptográficas para mitigar os riscos de forma eficaz.

3. **Avanço da investigação criptográfica:** A criptoanálise impulsiona os avanços na investigação criptográfica ao revelar novas técnicas de ataque, vulnerabilidades e pontos fracos. Através da análise de sistemas criptográficos falhados, os criptógrafos obtêm conhecimentos que permitem o desenvolvimento de algoritmos e protocolos de encriptação mais seguros.

Em suma, a criptanálise desempenha um papel vital no domínio da cibersegurança, identificando os pontos fracos dos sistemas criptográficos, desenvolvendo contramedidas para atenuar os riscos e impulsionando os avanços na investigação e desenvolvimento criptográficos. Compreender os princípios e técnicas da criptoanálise é essencial para conceber, implementar e avaliar soluções criptográficas seguras no panorama digital atual.

4.2 Técnicas de criptanálise

As técnicas criptoanalíticas abrangem uma vasta gama de métodos e estratégias utilizados para analisar sistemas criptográficos, descobrir pontos fracos e comprometer a sua segurança. Estas técnicas variam em termos de complexidade, aplicabilidade e eficácia, dependendo do algoritmo criptográfico específico, do protocolo e da implementação visados. Nesta secção, exploramos algumas das técnicas criptoanalíticas mais utilizadas:

1. **Ataque de força bruta:**

   - **Descrição:** Os ataques de força bruta envolvem a tentativa sistemática de todas as chaves ou combinações possíveis até se encontrar a correcta.

   - **Aplicabilidade:** Os ataques de força bruta são aplicáveis a qualquer sistema criptográfico com um espaço de chaves finito.

   - **Eficácia:** A eficácia dos ataques de força bruta depende da dimensão do espaço de chaves. Espaços de chaves maiores requerem um esforço computacional exponencialmente maior para serem decifrados, tornando os ataques de força bruta impraticáveis para esquemas de encriptação forte com chaves suficientemente grandes.

2. **Análise de frequência:**

   - **Descrição:** A análise de frequência explora padrões na frequência de letras, palavras ou símbolos em dados encriptados para deduzir informações sobre o texto simples.

   - **Aplicabilidade:** A análise de frequência é particularmente eficaz contra cifras de substituição simples, em que cada símbolo de texto simples é consistentemente substituído pelo mesmo símbolo de texto cifrado.

   - **Eficácia:** A análise de frequência pode ser altamente eficaz contra esquemas de encriptação fracos, especialmente os baseados em técnicas de substituição simples. No entanto, é menos eficaz contra algoritmos de encriptação mais sofisticados que não preservam as características de frequência do texto simples.

3. **Ataque de Plaintexto Conhecido:**

   - **Descrição:** Nos ataques de texto conhecido, o criptanalista tem acesso a pares de texto simples e texto cifrado correspondente. Ao analisar estes pares, o criptanalista tenta deduzir informações sobre o algoritmo de encriptação ou a chave para desencriptar outros textos cifrados com a mesma chave.

   - **Aplicabilidade:** Os ataques de conhecimento de texto simples são aplicáveis quando o atacante pode obter pares de texto simples e texto cifrado através de meios legítimos ou ilegítimos.

   - **Eficácia:** Os ataques de texto conhecido podem ser altamente eficazes contra esquemas de encriptação fracos, particularmente aqueles com vulnerabilidades que deixam escapar informações sobre a chave ou o processo de encriptação. No entanto, podem ser menos eficazes contra algoritmos de encriptação mais fortes que resistam a ataques de texto conhecido.

4. Ataque de desintegração escolhida:

- **Descrição:** Os ataques de escolha de texto simples permitem ao criptanalista escolher textos simples arbitrários e observar os textos cifrados correspondentes. Ao analisar estes pares, o criptanalista pretende deduzir informações sobre o algoritmo de encriptação ou a chave para desencriptar outros textos cifrados com a mesma chave.

- **Aplicabilidade:** Os ataques de escolha de texto simples são aplicáveis quando o atacante tem a capacidade de interagir com o sistema de cifragem e observar os textos cifrados resultantes.

- **Eficácia:** Os ataques de texto simples escolhido podem ser altamente eficazes, uma vez que proporcionam ao atacante uma maior flexibilidade e controlo sobre as entradas de texto simples. No entanto, podem ser mais difíceis de executar na prática do que os ataques de texto simples conhecido.

5. Criptanálise diferencial:

- **Descrição:** A criptoanálise diferencial é uma técnica estatística utilizada para analisar o comportamento de um algoritmo criptográfico, observando as diferenças nos textos cifrados resultantes de entradas de texto simples ligeiramente diferentes.

- **Aplicabilidade:** A criptanálise diferencial é aplicável a algoritmos de encriptação simétricos, nomeadamente cifras de bloco.

- **Eficácia:** A criptanálise diferencial pode ser altamente eficaz contra algoritmos de encriptação com certas fraquezas estruturais que conduzem a padrões distinguíveis nos textos cifrados. No entanto, pode exigir um grande número de pares texto simples-texto cifrado e recursos computacionais para ser executada com êxito.

6. Criptanálise linear:

- **Descrição:** A criptoanálise linear é uma técnica estatística que explora aproximações lineares entre texto simples, texto cifrado e bits de chave para recuperar informações sobre a chave de encriptação.

- **Aplicabilidade:** A criptanálise linear é aplicável a algoritmos de encriptação simétricos, nomeadamente cifras de bloco.

- **Eficácia:** A criptanálise linear pode ser eficaz contra algoritmos de encriptação com estruturas lineares ou enviesamentos que podem ser explorados para recuperar informações-chave. No entanto, pode exigir uma quantidade significativa de esforço computacional e pares de texto simples e texto cifrado para montar um ataque bem sucedido.

7. Ataques de canal lateral:

- **Descrição:** Os ataques de canal lateral visam vulnerabilidades na implementação física de sistemas criptográficos, explorando a fuga involuntária de informações através de canais laterais, como o consumo de energia, a radiação electromagnética ou as variações de tempo.

- **Aplicabilidade:** Os ataques de canal lateral são aplicáveis tanto a sistemas de encriptação simétricos como assimétricos, particularmente em cenários em que o atacante tem acesso físico ao dispositivo ou pode observar o seu comportamento remotamente.

- **Eficácia:** Os ataques de canal lateral podem ser altamente eficazes, uma vez que exploram as fraquezas inerentes à implementação física dos sistemas criptográficos, em vez de se basearem apenas em vulnerabilidades matemáticas ou algorítmicas. No entanto, podem exigir equipamento e conhecimentos especializados para serem executados com êxito.

A compreensão destas técnicas criptoanalíticas é essencial para avaliar a segurança dos sistemas criptográficos, identificar potenciais vulnerabilidades e implementar contramedidas adequadas para mitigar o risco de ataques. Os criptógrafos e os profissionais de segurança devem monitorizar e adaptar-se continuamente aos novos avanços criptanalíticos para garantir a segurança contínua dos sistemas criptográficos face à evolução das ameaças.

4.3 Defesa contra ataques de criptanálise

A defesa contra ataques de criptanálise é fundamental para manter a segurança e a integridade dos sistemas criptográficos. Embora os ataques criptoanalíticos tenham como objetivo explorar vulnerabilidades em algoritmos ou protocolos de encriptação, mecanismos de defesa robustos podem mitigar estes riscos e salvaguardar dados sensíveis. Nesta secção, exploramos várias estratégias e melhores práticas de defesa contra ataques criptoanalíticos:

1. Utilizar algoritmos de encriptação fortes:

- Utilizar algoritmos de encriptação que tenham sido submetidos a um exame rigoroso e sejam amplamente aceites como seguros. Algoritmos como o AES (Advanced Encryption Standard) e o RSA (Rivest-Shamir-Adleman) são bem vistos pela sua força e resistência a ataques de criptanálise.

- Avaliar regularmente a segurança dos algoritmos e protocolos de encriptação para garantir que cumprem as normas e recomendações actuais.

2. Aumentar o comprimento das chaves:

- Chaves criptográficas mais longas oferecem maior resistência contra ataques de força bruta. Aumentar o comprimento das chaves para além das recomendações mínimas pode aumentar significativamente a segurança dos sistemas criptográficos.

- Mantenha-se informado sobre os avanços na criptoanálise e ajuste os comprimentos de chave em conformidade para manter a segurança contra ameaças em evolução.

3. Implementar as melhores práticas de gestão de chaves:

- Gerir de forma segura as chaves criptográficas para evitar o acesso não autorizado ou o seu comprometimento. Utilizar sistemas de gestão de chaves dedicados para armazenar, distribuir e rodar chaves de forma segura.

- Siga as melhores práticas para a geração de chaves, incluindo a utilização de geradores de números aleatórios criptograficamente seguros e a garantia de que as chaves são geradas com entropia suficiente.

4. Empregar funções de hash criptográficas:

- Utilizar funções de hash criptográficas para proteger a integridade dos dados e verificar a autenticidade das informações. Escolher funções de hash resistentes a ataques de colisão e que cumpram as normas criptográficas actuais.

- Implementar corretamente os algoritmos de salting e hashing para mitigar vulnerabilidades como os ataques de rainbow table.

5. Monitorização de anomalias e intrusões:

- Implementar mecanismos robustos de monitorização e deteção para identificar actividades suspeitas ou potenciais intrusões. Monitorizar o tráfego de rede, os registos do sistema e as operações criptográficas para detetar sinais de acesso não autorizado ou ataques criptoanalíticos.

- Utilizar sistemas de deteção de intrusões (IDS) e soluções de gestão de informações e eventos de segurança (SIEM) para detetar e responder prontamente a incidentes de segurança.

6. Práticas de desenvolvimento de software seguro:

- Respeitar práticas de codificação seguras ao desenvolver software criptográfico ou ao integrar bibliotecas criptográficas em aplicações. Evite implementar algoritmos ou protocolos criptográficos personalizados, exceto se for absolutamente necessário, uma vez que podem introduzir vulnerabilidades imprevistas.

- Atualizar regularmente o software e as bibliotecas para corrigir as vulnerabilidades de segurança e resolver os problemas conhecidos.

7. Efetuar auditorias e avaliações de segurança regulares:

- Efetuar auditorias e avaliações de segurança regulares dos sistemas criptográficos para identificar pontos fracos, vulnerabilidades e configurações incorrectas. Envolver profissionais de segurança independentes ou equipas de testes de penetração para avaliar a postura de segurança das implementações criptográficas.

- Tratar prontamente os problemas de segurança identificados e aplicar medidas de correção para reforçar a segurança.

8. Mantenha-se informado sobre ameaças emergentes:

- Mantenha-se a par dos últimos desenvolvimentos em criptoanálise e das ameaças criptográficas emergentes. Monitorize os avisos de segurança, as publicações de investigação e as notícias do sector para obter informações sobre novas técnicas de ataque ou vulnerabilidades.

- Adaptar proactivamente as estratégias de segurança e as defesas para atenuar as ameaças emergentes e manter a resiliência dos sistemas criptográficos.

Ao implementar estas estratégias de defesa e adotar uma abordagem proactiva à segurança, as organizações podem reduzir o risco de ataques criptoanalíticos e manter a confidencialidade, integridade e autenticidade dos seus dados e comunicações. A vigilância contínua, as avaliações de segurança regulares e a adesão às melhores práticas são essenciais para a defesa contra a evolução das ameaças criptográficas no atual cenário dinâmico de ameaças.

Capítulo 5: O futuro da criptografia e da segurança da informação

5.1 Computação quântica e criptografia

A computação quântica representa uma mudança de paradigma na tecnologia informática, prometendo um poder computacional sem precedentes que tem o potencial de revolucionar vários domínios, incluindo a criptografia e a segurança da informação. Nesta secção, aprofundamos a intersecção entre a computação quântica e a criptografia, explorando os desafios, as oportunidades e as implicações para o futuro da segurança da informação.

Visão geral da computação quântica:

- A computação quântica utiliza os princípios da mecânica quântica para realizar tarefas computacionais de formas fundamentalmente diferentes das dos computadores clássicos.

- Ao contrário dos bits clássicos, que representam a informação como 0 ou 1, os bits quânticos ou qubits podem existir em múltiplos estados simultaneamente, permitindo aos computadores quânticos efetuar cálculos complexos exponencialmente mais rápidos do que os computadores clássicos para determinados problemas.

Impacto na criptografia:

- A computação quântica representa uma ameaça significativa para os algoritmos criptográficos tradicionais, nomeadamente os que se baseiam em problemas matemáticos de difícil resolução clássica, mas vulneráveis aos algoritmos quânticos.

- O algoritmo de Shor, por exemplo, demonstra como os computadores quânticos podem faturar eficientemente grandes números, quebrando sistemas de criptografia de chave pública amplamente utilizados, como o RSA e a criptografia de curva elíptica.

- O algoritmo de Grover, outro algoritmo quântico, pode acelerar a pesquisa de bases de dados não ordenadas, enfraquecendo potencialmente os algoritmos de encriptação simétrica ao reduzir para metade o comprimento efetivo das suas chaves.

Criptografia pós-quântica:

- A criptografia pós-quântica (PQC) refere-se a algoritmos e protocolos criptográficos concebidos para resistir a ataques de computadores quânticos.

- O PQC centra-se no desenvolvimento de primitivos criptográficos que se baseiam em problemas matemáticos que se acredita serem difíceis de resolver de forma eficiente, mesmo para os computadores quânticos.

- Os algoritmos pós-quânticos candidatos incluem a criptografia baseada em treliça, a criptografia baseada em código, a criptografia baseada em hash e a criptografia polinomial multivariada, entre outros.

Desafios da transição:

- A transição para a criptografia pós-quântica apresenta vários desafios, incluindo a necessidade de novas normas, protocolos e infra-estruturas para apoiar a adoção de algoritmos resistentes à quântica.

- As organizações devem planear e gerir cuidadosamente o processo de transição para garantir a segurança e a interoperabilidade dos sistemas criptográficos durante e após a migração para algoritmos pós-quânticos.

Distribuição de chaves quânticas (QKD):

- A distribuição de chaves quânticas (QKD) é uma técnica criptográfica quântica que utiliza os princípios da mecânica quântica para estabelecer canais de comunicação seguros.

- Os protocolos QKD permitem que duas partes troquem chaves criptográficas com a garantia de que qualquer tentativa de espionagem da comunicação perturbaria os estados quânticos das partículas transmitidas, detectando assim a presença de um adversário.

- A QKD oferece uma abordagem promissora para a segurança das comunicações num mundo pós-quântico, proporcionando uma segurança incondicional baseada nas leis da física quântica.

Investigação e desenvolvimento:

- A investigação e o desenvolvimento contínuos no domínio da criptografia resistente ao quantum são essenciais para fazer face à evolução do cenário de ameaças colocado pela computação quântica.

- São necessários esforços de colaboração entre investigadores, universidades, indústria e agências governamentais para fazer avançar o estado da arte da criptografia pós-quântica e acelerar a implementação de algoritmos e protocolos resistentes à quântica.

Conclusão:

- A computação quântica apresenta desafios e oportunidades para a criptografia e a segurança da informação. Embora os computadores quânticos tenham o potencial de quebrar os sistemas criptográficos existentes, também estimulam a inovação na criptografia pós-quântica e nos protocolos de segurança quântica.

- Medidas proactivas, como o desenvolvimento e a adoção de soluções criptográficas pós-quânticas, juntamente com investimentos em investigação e educação, são cruciais para garantir a segurança e a resiliência a longo prazo dos sistemas de informação na era quântica.

Ao enfrentar os desafios colocados pela computação quântica e ao abraçar as oportunidades que ela apresenta, o futuro da criptografia e da segurança da informação pode ser moldado para resistir ao impacto transformador da tecnologia quântica.

5.2 Considerações éticas em criptografia

Como a criptografia desempenha um papel cada vez mais central na sociedade moderna, as considerações éticas em torno da sua utilização, desenvolvimento e implicações tornam-se fundamentais. Nesta secção, aprofundamos as dimensões éticas da criptografia, explorando as principais questões e considerações que surgem na sua aplicação e prática.

1. Privacidade e direitos individuais:

- A criptografia desempenha um papel vital na proteção da privacidade dos indivíduos e dos direitos fundamentais à confidencialidade. As considerações éticas em matéria de criptografia incluem a garantia de que os sistemas e protocolos criptográficos protegem adequadamente os dados pessoais e as informações sensíveis contra o acesso ou a vigilância não autorizados.

- Os criptógrafos e os profissionais têm a responsabilidade ética de desenvolver e implementar soluções criptográficas que respeitem os direitos de privacidade das pessoas e os princípios de proteção e confidencialidade dos dados.

2. Segurança e fiabilidade:

- A criptografia ética implica a conceção de sistemas criptográficos seguros e fiáveis que resistam a ataques e mantenham a integridade, a confidencialidade e a autenticidade dos dados e das comunicações. Os profissionais da criptografia devem dar prioridade à segurança e à fiabilidade no desenvolvimento e implementação de algoritmos e protocolos criptográficos.

- As práticas criptográficas transparentes, o desenvolvimento de código aberto e a revisão pelos pares fomentam a confiança e a responsabilidade no seio da comunidade criptográfica, garantindo que os sistemas criptográficos são robustos, resilientes e isentos de backdoors ou vulnerabilidades.

3. Acessibilidade e inclusão:

- As considerações éticas em matéria de criptografia estendem-se à garantia da acessibilidade e inclusão das tecnologias criptográficas para todos os indivíduos e comunidades. Os sistemas criptográficos devem ser concebidos tendo em conta a facilidade de utilização e a acessibilidade, permitindo uma ampla adoção e um acesso equitativo a ferramentas e tecnologias de comunicação seguras.

- Os esforços para promover a diversidade e a inclusão no domínio da criptografia contribuem para o desenvolvimento de soluções criptográficas mais inclusivas que respondem às diversas necessidades e perspectivas dos utilizadores de diferentes origens e comunidades.

4. Dilemas éticos e de dupla utilização:

- A criptografia apresenta dilemas éticos relacionados com a sua potencial natureza de dupla utilização, em que as tecnologias criptográficas podem ser utilizadas tanto para fins legítimos como para fins nefastos.

  As considerações éticas incluem o equilíbrio entre os benefícios da inovação criptográfica e os riscos potenciais e as consequências não intencionais de uma utilização incorrecta ou abusiva.

- Os criptógrafos e os decisores políticos enfrentam desafios éticos ao navegarem na tensão entre a promoção da inovação e a proteção contra a utilização indevida, esforçando-se por encontrar um equilíbrio que maximize os benefícios sociais e minimize os danos.

5. Implicações globais e direitos humanos:

- A criptografia tem implicações globais para os direitos humanos, a liberdade de expressão e a democracia. As considerações éticas na criptografia incluem o reconhecimento do papel das tecnologias criptográficas no apoio aos direitos fundamentais e aos valores democráticos, como a liberdade de expressão, de reunião e de associação.

- Os profissionais da criptografia têm a responsabilidade de considerar os impactos sociais mais amplos do seu trabalho e de defender políticas e práticas que defendam os direitos humanos, as liberdades civis e os princípios democráticos na era digital.

6. Divulgação responsável e gestão de vulnerabilidades:

- A criptografia ética dá ênfase à divulgação responsável e às práticas de gestão de vulnerabilidades, em que os investigadores e profissionais de segurança comunicam de forma responsável as vulnerabilidades e falhas dos sistemas criptográficos aos fornecedores e às partes interessadas, permitindo uma correção atempada e esforços de atenuação.

- A transparência, a colaboração e a comunicação responsável são essenciais para abordar as vulnerabilidades criptográficas e garantir que os utilizadores e as organizações são informados sobre os potenciais riscos e as estratégias de atenuação.

Conclusão:

- As considerações éticas são parte integrante da prática e do desenvolvimento da criptografia, orientando decisões e acções que têm impacto nos indivíduos, nas comunidades e na sociedade em geral. Ao defender princípios de privacidade, segurança, inclusão e direitos humanos, os profissionais de criptografia podem contribuir para o avanço responsável e ético da criptografia na era digital.

- O diálogo contínuo, a reflexão e o envolvimento ético na comunidade criptográfica são essenciais para enfrentar os desafios éticos emergentes e garantir que as tecnologias criptográficas sirvam o bem comum, respeitando os princípios e valores éticos.

5.3 Tendências e desafios emergentes

À medida que a criptografia e a segurança da informação continuam a evoluir, várias tendências e desafios emergentes moldam o panorama da segurança digital. Nesta secção, exploramos algumas das principais tendências e desafios que estão a influenciar o futuro da criptografia e da segurança da informação:

1. **Segurança da Internet das Coisas (IoT):**

    - A proliferação de dispositivos ligados à Internet coloca novos desafios à segurança e à privacidade. Os dispositivos IoT têm frequentemente recursos computacionais limitados e podem não dispor de mecanismos de segurança robustos, o que os torna vulneráveis a ataques.

    - A criptografia desempenha um papel crucial na segurança dos dispositivos e das comunicações IoT, mas é necessário enfrentar desafios como ambientes restritos, limitações de recursos e questões de interoperabilidade para garantir uma segurança IoT efectiva.

2. **Blockchain e Distributed Ledger Technology (DLT):**

    - A Blockchain e a DLT oferecem plataformas descentralizadas e resistentes à adulteração para várias aplicações, incluindo criptomoedas, contratos inteligentes e gestão da cadeia de fornecimento.

    - A criptografia está na base da segurança dos sistemas de cadeias de blocos, fornecendo mecanismos de verificação da identidade, autenticação de transacções e integridade dos dados. No entanto, desafios como a escalabilidade, a privacidade e a interoperabilidade continuam a ser áreas de investigação e desenvolvimento em curso.

3. **Criptografia de segurança quântica:**

    - A emergência da computação quântica representa uma ameaça significativa para os sistemas criptográficos tradicionais, levando ao desenvolvimento de algoritmos criptográficos quânticos seguros ou pós-quânticos.

    - A criptografia quântica segura tem por objetivo garantir a segurança contra ataques de computadores clássicos e quânticos, assegurando a resiliência a longo prazo dos sistemas criptográficos face às ameaças quânticas.

4. Tecnologias de proteção da privacidade (PET):

- As tecnologias de proteção da privacidade (PET) abrangem uma série de ferramentas e técnicas concebidas para proteger a privacidade das pessoas e a confidencialidade dos dados em ambientes digitais.

- A criptografia é fundamental para muitas PET, incluindo sistemas de comunicação anónimos, computação multipartidária segura e mecanismos de privacidade diferenciais, que permitem aos utilizadores preservar a privacidade enquanto partilham dados ou participam em interacções em linha.

5. Segurança da Inteligência Artificial (IA) e da Aprendizagem Automática:

- As tecnologias de IA e de aprendizagem automática são cada vez mais utilizadas para melhorar as operações de segurança, a deteção de ameaças e a gestão de riscos.

- No entanto, os ataques impulsionados pela IA, como os ataques adversários e o malware impulsionado pela IA, colocam novos desafios à cibersegurança. A criptografia pode desempenhar um papel na mitigação das ameaças à segurança relacionadas com a IA através de técnicas como a encriptação homomórfica e a aprendizagem federada segura.

6. Conformidade regulamentar e proteção de dados:

- Os requisitos de conformidade regulamentar, como o RGPD, a CCPA e outras leis de proteção de dados, impõem requisitos rigorosos em matéria de segurança e privacidade dos dados.

- A criptografia é essencial para alcançar a conformidade com os regulamentos de proteção de dados, uma vez que permite a encriptação, a anonimização de dados e práticas seguras de tratamento de dados para salvaguardar informações sensíveis e garantir a conformidade regulamentar.

7. Lacuna de competências em cibersegurança:

- O défice de competências em cibersegurança continua a ser um desafio premente, com as organizações a lutarem para encontrar profissionais qualificados com conhecimentos especializados em criptografia e segurança da informação.

- Os esforços para colmatar o défice de competências incluem o investimento em programas de educação e formação em cibersegurança, a promoção da diversidade e da inclusão na força de trabalho em cibersegurança e a promoção da colaboração entre o meio académico, a indústria e o governo para desenvolver reservas de talentos e cultivar conhecimentos especializados em cibersegurança.

Conclusão:

- As tendências e os desafios emergentes na criptografia e na segurança da informação apresentam oportunidades e riscos para organizações e indivíduos. Mantendo-se a par destas tendências, abordando os principais desafios e tirando partido das inovações criptográficas e das melhores práticas, as organizações podem melhorar a sua postura de cibersegurança e adaptar-se ao cenário de ameaças em evolução.

- A colaboração, a investigação e a aprendizagem contínua são essenciais para enfrentar os desafios emergentes em matéria de cibersegurança e desenvolver estratégias eficazes para proteger dados, sistemas e redes num mundo cada vez mais interligado e digitalizado.

Capítulo 6: Criptografia em tecnologias emergentes

6.1 Computação quântica e criptografia

A computação quântica está na vanguarda do avanço tecnológico, prometendo saltos exponenciais no poder computacional. No entanto, as suas implicações para a criptografia são profundas, pondo em causa a segurança dos sistemas criptográficos convencionais. Nesta secção, aprofundamos a intersecção entre a computação quântica e a criptografia, explorando o impacto nos algoritmos de encriptação e os esforços em curso para desenvolver uma criptografia resistente à quântica.

Visão geral da computação quântica:

- A computação quântica utiliza os princípios da mecânica quântica para efetuar cálculos utilizando bits quânticos ou qubits, que podem existir em múltiplos estados simultaneamente.

- Os computadores quânticos têm potencial para resolver certos problemas matemáticos de forma exponencialmente mais rápida do que os computadores clássicos, o que representa uma ameaça para os sistemas criptográficos baseados na complexidade computacional desses problemas.

Impacto na criptografia:

- A computação quântica ameaça a segurança de muitos algoritmos criptográficos amplamente utilizados, nomeadamente os que se baseiam em problemas matemáticos de difícil resolução clássica, mas vulneráveis aos algoritmos quânticos.

- O algoritmo de Shor, por exemplo, pode fatorizar eficientemente grandes números e resolver o problema do logaritmo discreto, quebrando criptossistemas de chave pública populares como o RSA e o ECC.

- O algoritmo de Grover reduz para metade o comprimento efetivo da chave dos algoritmos de encriptação simétricos, prejudicando a sua segurança contra ataques de força bruta.

Criptografia resistente ao quantum:

- A criptografia resistente ao quantum, também conhecida como criptografia pós-quântica, tem como objetivo desenvolver algoritmos e protocolos criptográficos que permaneçam seguros contra ataques de computadores clássicos e quânticos.

- Os algoritmos candidatos resistentes ao quantum incluem a criptografia baseada em treliça, a criptografia baseada em código, a criptografia baseada em hash e a criptografia polinomial multivariada, entre outros.

- Estão em curso esforços de normalização para selecionar e normalizar algoritmos resistentes ao quantum, garantindo a interoperabilidade e a compatibilidade entre diferentes sistemas e aplicações.

Desafios e considerações:

- O desenvolvimento de criptografia resistente ao quantum coloca vários desafios, incluindo a necessidade de equilibrar a segurança, a eficiência e a facilidade de utilização.

- Os algoritmos resistentes ao quantum podem ter características de desempenho e requisitos de recursos diferentes dos algoritmos criptográficos clássicos, o que exige uma análise cuidadosa em termos de implementação e utilização.

- Além disso, a transição para uma criptografia resistente ao quantum exige uma coordenação e um investimento significativos para atualizar os sistemas, protocolos e infra-estruturas existentes, a fim de apoiar a adoção de novas normas criptográficas.

Investigação e desenvolvimento:

- A investigação em criptografia resistente ao quantum está em curso, com o meio académico, a indústria e as organizações governamentais a explorarem ativamente novos primitivos e protocolos criptográficos.

- A colaboração aberta e a investigação revista pelos pares desempenham um papel crucial no avanço do estado da arte da criptografia quântica resistente e na avaliação da segurança e do desempenho dos algoritmos candidatos.

Conclusão:

- A computação quântica apresenta desafios e oportunidades para a criptografia, sublinhando a necessidade de medidas pró-activas para fazer face às implicações da tecnologia quântica em termos de segurança.

- Ao investir em investigação e desenvolvimento, em esforços de normalização e na adoção de soluções criptográficas resistentes ao quantum, as organizações podem mitigar os riscos colocados pela computação quântica e garantir a segurança a longo prazo das comunicações e transacções digitais na era quântica.

6.2 Segurança da Internet das Coisas (IoT)

- A Internet das Coisas (IoT) representa uma vasta rede de dispositivos interligados, que vão desde a eletrónica de consumo à maquinaria industrial, transformando a forma como interagimos com o mundo físico. No entanto, a proliferação de dispositivos IoT também introduz desafios de segurança significativos, tornando imperativas medidas de segurança robustas, incluindo a criptografia. Nesta secção, aprofundamos os meandros da segurança da IoT e o papel da criptografia na proteção dos ecossistemas IoT.

Desafios da segurança da IdC:

- Os dispositivos IoT têm frequentemente recursos computacionais limitados e podem não ter funcionalidades de segurança incorporadas, o que os torna susceptíveis a várias ameaças à segurança.

- Os desafios comuns de segurança da IdC incluem canais de comunicação inseguros, mecanismos de autenticação insuficientes, vulnerabilidades no firmware e no software e o risco de adulteração dos dispositivos ou de ataques físicos.

Criptografia na segurança da IoT:

- A criptografia desempenha um papel fundamental na atenuação dos riscos de segurança da IdC, fornecendo mecanismos para uma comunicação segura, a confidencialidade, a integridade e a autenticação dos dados.

- A encriptação garante que os dados trocados entre os dispositivos IoT e os sistemas backend permanecem confidenciais e protegidos contra escutas e intercepções.

- As assinaturas digitais e os protocolos de autenticação permitem que os dispositivos IoT verifiquem a autenticidade das mensagens e estabeleçam a confiança entre as partes comunicantes, impedindo o acesso não autorizado e a adulteração.

Protocolos de comunicação segura:

- Os protocolos de comunicação segura, como o Transport Layer Security (TLS), o Datagram Transport Layer Security (DTLS) e o Message Queuing Telemetry Transport (MQTT) com Secure Sockets Layer (SSL) ou o protocolo Lightweight Machine-to-Machine (LwM2M), facilitam a comunicação encriptada entre os dispositivos IoT e os servidores ou gateways de nuvem.

- Estes protocolos utilizam algoritmos criptográficos para encriptar os dados em trânsito, autenticar os pontos finais e garantir a integridade das mensagens transmitidas, atenuando o risco de ataques man-in-the-middle e de adulteração de dados.

Gestão e distribuição de chaves:

- A gestão eficaz das chaves é crucial para garantir a segurança das operações criptográficas nos ecossistemas IoT.

- Os mecanismos de distribuição de chaves, como as chaves pré-partilhadas (PSK), a infraestrutura de chave pública (PKI) e os protocolos de estabelecimento de chaves simétricas, como a troca de chaves Diffie-Hellman, permitem que os dispositivos IoT estabeleçam de forma segura chaves criptográficas para fins de encriptação e autenticação.

Módulos criptográficos incorporados:

- Muitos dispositivos IoT integram módulos criptográficos incorporados ou componentes de segurança de hardware, como os Trusted Platform Modules (TPMs) ou os Hardware Security Modules (HSMs), para efetuar operações criptográficas de forma segura.

- Estes módulos proporcionam um ambiente de execução fiável para funções criptográficas, salvaguardando chaves criptográficas sensíveis e impedindo o acesso não autorizado ou a adulteração.

Desafios e considerações:

- Apesar dos benefícios da criptografia na segurança da IdC, a implementação de mecanismos criptográficos em dispositivos IdC com recursos limitados apresenta desafios relacionados com o desempenho, o consumo de energia e a compatibilidade.

- O equilíbrio entre os requisitos de segurança e os condicionalismos dos ambientes IoT exige uma análise cuidadosa de factores como a eficiência do algoritmo, as estratégias de gestão de chaves e a sobrecarga do protocolo.

Conclusão:

- A criptografia desempenha um papel vital na resolução dos desafios de segurança inerentes aos ecossistemas IoT, permitindo uma comunicação, autenticação e proteção de dados seguras.

- Tirando partido de técnicas criptográficas e aplicando medidas de segurança robustas, as partes interessadas na IoT podem aumentar a resiliência das implantações da IoT, salvaguardar dados sensíveis e atenuar os riscos colocados por agentes maliciosos e ciberameaças no mundo interligado da IoT.

6.3 Cadeia de blocos e tecnologia de registo distribuído (DLT)

A Blockchain e a Distributed Ledger Technology (DLT) surgiram como tecnologias transformadoras com aplicações abrangentes em todos os sectores, revolucionando os sistemas tradicionais de manutenção de registos, processamento de transacções e troca de valores. Nesta secção, exploramos os princípios criptográficos subjacentes à cadeia de blocos e à DLT, as suas aplicações e as implicações para a segurança da informação.

Princípios criptográficos em Blockchain:

- A Blockchain utiliza técnicas criptográficas para obter imutabilidade, transparência e segurança em registos distribuídos.

- As funções de hash desempenham um papel central na cadeia de blocos, gerando impressões digitais únicas de blocos de dados e ligando-os numa cadeia utilizando hashes criptográficos.

- As assinaturas digitais permitem que os participantes assinem criptograficamente as transacções, comprovando a propriedade e a autenticidade e garantindo o não repúdio.

Aplicações de Blockchain e DLT:

- A Blockchain e a DLT encontram aplicações em diversos sectores, incluindo finanças, gestão da cadeia de abastecimento, cuidados de saúde e gestão de identidades.

- As criptomoedas, como a Bitcoin e a Ethereum, utilizam a tecnologia blockchain para permitir transacções peer-to-peer descentralizadas e activos digitais seguros.

- Os contratos inteligentes, contratos programáveis de auto-execução codificados na cadeia de blocos, automatizam e aplicam os termos dos acordos, eliminando a necessidade de intermediários.

Implicações para a segurança:

- A cadeia de blocos e a DLT oferecem benefícios de segurança inerentes, como a imutabilidade, a resistência à adulteração e a transparência, tornando-as resistentes à manipulação de dados e à fraude.

- No entanto, os desafios de segurança, incluindo os ataques de 51%, as despesas duplas e as vulnerabilidades dos contratos inteligentes, realçam a importância de mecanismos criptográficos robustos e de práticas de codificação seguras.

- O hashing criptográfico, as assinaturas digitais e os algoritmos de consenso, como o Proof of Work (PoW) e o Proof of Stake (PoS), atenuam estes riscos de segurança e garantem a integridade e a fiabilidade das redes de cadeias de blocos.

Considerações sobre privacidade:

- Embora a cadeia de blocos proporcione transparência e capacidade de auditoria, também suscita preocupações de privacidade relacionadas com a exposição de dados de transacções sensíveis num livro-razão público.

- As técnicas de reforço da privacidade, como as provas de conhecimento zero, as assinaturas em anel e as transacções confidenciais, permitem transacções que preservam a privacidade nas redes de cadeias de blocos, permitindo que os participantes efectuem transacções anónimas e, ao mesmo tempo, provem a validade das transacções.

Interoperabilidade e escalabilidade:

- A interoperabilidade e a escalabilidade são desafios fundamentais na adoção da cadeia de blocos, uma vez que as diferentes plataformas e redes de cadeias de blocos podem não ser compatíveis e ter dificuldade em lidar com grandes volumes de transacções.

- As normas e protocolos de interoperabilidade criptográfica, como as trocas atómicas entre cadeias e os protocolos de interoperabilidade como o Polkadot e o Cosmos, facilitam a comunicação e a transferência de activos entre redes de cadeias de blocos diferentes.

Conclusão:

- A Blockchain e a DLT representam uma mudança de paradigma na forma como armazenamos, transaccionamos e confiamos nos dados, oferecendo soluções descentralizadas, seguras e transparentes para vários desafios sociais e económicos.

- A criptografia é a espinha dorsal da cadeia de blocos e da DLT, fornecendo as primitivas criptográficas e os mecanismos de segurança necessários para garantir a integridade, a confidencialidade e a autenticidade das transacções em registos distribuídos.

- Ao compreender os princípios criptográficos e as implicações de segurança da blockchain e da DLT, as organizações podem aproveitar todo o potencial destas tecnologias, mitigando os riscos e garantindo a segurança e a fiabilidade dos sistemas e aplicações descentralizados.

6.4 Biometria e autenticação

A biometria, que consiste na medição e análise de características físicas ou comportamentais únicas, constitui uma via promissora para a autenticação dos utilizadores e a verificação da identidade. No entanto, a integração de sistemas de autenticação biométrica apresenta vários desafios em termos de segurança e privacidade. Nesta secção, exploramos o papel da criptografia na segurança dos dados biométricos e na melhoria dos mecanismos de autenticação.

Visão geral da autenticação biométrica:

- A autenticação biométrica baseia-se na utilização de características biológicas ou comportamentais, como impressões digitais, padrões da íris, características faciais, voz ou padrões de digitação, para verificar a identidade de um indivíduo.

- Os sistemas biométricos captam dados biométricos, extraem características únicas e comparam-nas com modelos armazenados para autenticar os utilizadores.

Criptografia na segurança biométrica:

- A criptografia desempenha um papel crucial na segurança dos dados biométricos e dos processos de autenticação, protegendo as informações biométricas sensíveis contra o acesso não autorizado e a utilização indevida.

- Os algoritmos de hashing transformam os modelos biométricos em valores de hash irreversíveis, garantindo que os dados biométricos originais não podem ser reconstruídos a partir dos modelos armazenados.

- As técnicas de encriptação protegem os dados biométricos durante a transmissão e o armazenamento, impedindo a escuta e o acesso não autorizado a informações sensíveis.

Proteção segura de modelos biométricos:

- As técnicas de proteção de modelos biométricos garantem a privacidade e a segurança dos dados biométricos, mesmo em caso de violação ou comprometimento.

- Os métodos criptográficos, como os esquemas de compromisso difuso, a biometria cancelável e os criptossistemas biométricos, permitem o armazenamento e a verificação seguros de modelos biométricos sem revelar informações sensíveis.

Autenticação multi-fator (MFA):

- A combinação da autenticação biométrica com outros factores de autenticação, como palavras-passe, tokens ou códigos de utilização única, aumenta a segurança e a resistência contra o acesso não autorizado.

- A criptografia permite a integração da autenticação biométrica em esquemas de autenticação multifactor, garantindo uma verificação robusta da identidade e preservando simultaneamente a privacidade do utilizador.

Autenticação biométrica com preservação da privacidade:

- As técnicas de reforço da privacidade, como a computação multipartidária segura (MPC), a encriptação homomórfica e as provas de conhecimento zero, permitem a autenticação biométrica sem comprometer a privacidade do utilizador.

- Estes métodos criptográficos permitem que os dados biométricos sejam processados e comparados de forma encriptada, impedindo a exposição de informações biométricas em bruto aos sistemas de autenticação.

Ataques adversários e contramedidas:

- Os ataques adversários, como os ataques de falsificação, os ataques de apresentação e os ataques de repetição, constituem ameaças significativas para os sistemas de autenticação biométrica.

- As contramedidas criptográficas, incluindo algoritmos de deteção de vivacidade, protocolos de resposta a desafios e criptossistemas biométricos, atenuam o risco de ataques adversários e garantem a integridade e autenticidade da autenticação biométrica.

Conclusão:

- A autenticação biométrica oferece um método conveniente e seguro para verificar a identidade do utilizador, mas também introduz considerações de segurança e privacidade que devem ser abordadas.

- A criptografia desempenha um papel vital na proteção dos dados biométricos, melhorando os mecanismos de autenticação e atenuando os riscos associados aos sistemas de autenticação biométrica.

- Ao utilizar técnicas criptográficas e protocolos de preservação da privacidade, as organizações podem implementar soluções de autenticação biométrica robustas e resilientes que protegem a privacidade do utilizador, garantem a integridade dos dados e reduzem o risco de acesso não autorizado.

6.5 Tecnologias de preservação da privacidade

Numa era em que as preocupações com a privacidade dos dados são primordiais, as tecnologias de preservação da privacidade (PPT) desempenham um papel crucial para permitir a partilha e análise seguras de dados, salvaguardando simultaneamente os direitos de privacidade dos indivíduos. Esta secção explora várias técnicas e protocolos criptográficos que sustentam as tecnologias de preservação da privacidade e as suas aplicações na preservação da confidencialidade e do anonimato.

Encriptação homomórfica:

- A encriptação homomórfica permite efetuar cálculos em dados encriptados sem os desencriptar, preservando a confidencialidade dos dados durante todo o processamento.

- A encriptação totalmente homomórfica (FHE) permite cálculos arbitrários em dados encriptados, enquanto a encriptação parcialmente homomórfica (PHE) suporta operações específicas como a adição ou a multiplicação.

- As aplicações da encriptação homomórfica incluem a computação em nuvem segura, a análise de dados confidenciais e a aprendizagem automática com preservação da privacidade.

Computação Multipartidária Segura (MPC):

- A computação multipartidária segura permite que várias partes calculem conjuntamente uma função sobre os seus dados privados, mantendo esses dados confidenciais.

- Os protocolos MPC garantem que cada parte aprende apenas o resultado do cálculo e nenhuma informação sensível sobre as entradas das outras partes.

- A MPC encontra aplicações na análise colaborativa de dados, leilões com preservação da privacidade e aprendizagem automática distribuída.

Provas de conhecimento zero (ZKPs):

- As provas de conhecimento zero permitem a uma parte (o provador) provar a outra parte (o verificador) que uma afirmação é verdadeira sem revelar qualquer informação para além da validade da afirmação.

- Os ZKP permitem a autenticação, a verificação da identidade e a emissão de credenciais sem revelar informações sensíveis.

- As aplicações das provas de conhecimento zero incluem credenciais anónimas, protocolos de autenticação que preservam a privacidade e transacções em cadeia de blocos.

Privacidade diferencial:

- A privacidade diferencial garante que a inclusão ou exclusão dos dados de um indivíduo não afecta significativamente o resultado de uma análise estatística.

- Os mecanismos de privacidade diferencial adicionam ruído ou perturbação às respostas às consultas para alcançar um equilíbrio entre privacidade e utilidade.

- A privacidade diferencial é utilizada na análise de dados, nas bases de dados estatísticas e na aprendizagem automática para proteger a privacidade dos indivíduos e, ao mesmo tempo, permitir uma análise significativa dos dados.

Aprendizagem automática multipartidária segura (SMML):

- A aprendizagem automática multipartidária segura permite a formação de modelos colaborativos em conjuntos de dados distribuídos, preservando a privacidade dos dados.

- Os protocolos SMML permitem que várias partes treinem conjuntamente modelos de aprendizagem automática sem partilhar dados em bruto, utilizando técnicas como a aprendizagem federada, a encriptação homomórfica e a agregação segura.

- O SMML encontra aplicações nos cuidados de saúde, finanças e outros domínios em que a privacidade dos dados é fundamental.

Conclusão: As tecnologias de preservação da privacidade oferecem soluções eficazes para proteger dados sensíveis e garantir a privacidade num mundo cada vez mais orientado para os dados. Ao tirar partido de técnicas criptográficas como a encriptação homomórfica, a computação multipartidária segura, as provas de conhecimento zero, a privacidade diferencial e a aprendizagem automática multipartidária segura, as organizações podem permitir a partilha e análise seguras de dados, respeitando simultaneamente os direitos de privacidade dos indivíduos. Estas tecnologias são ferramentas essenciais para criar confiança, preservar a confidencialidade e promover a gestão responsável dos dados na era digital.

6.6 Segurança da inteligência artificial (IA) e da aprendizagem automática

À medida que as tecnologias de inteligência artificial (IA) e de aprendizagem automática (ML) continuam a avançar, trazem benefícios transformadores em vários domínios. No entanto, a par das suas capacidades, surgem desafios de segurança significativos. Esta secção explora a intersecção entre a IA/ML e a segurança, incluindo os riscos colocados pelos ataques impulsionados pela IA e o papel da criptografia na mitigação destas ameaças.

Cenário de segurança da IA/ML:

- As tecnologias de IA e ML estão cada vez mais integradas em sistemas e aplicações críticos, incluindo cibersegurança, veículos autónomos, cuidados de saúde, finanças e muito mais.

- Embora a IA/ML ofereça numerosos benefícios, também introduz novos riscos de segurança, como ataques de adversários, envenenamento de modelos, envenenamento de dados e violações da privacidade.

Ataques adversários:

- Os ataques adversários manipulam os modelos de IA/ML explorando vulnerabilidades nos seus dados de entrada ou algoritmos, conduzindo a resultados incorrectos ou maliciosos.

- Os exemplos adversários, criados para enganar os modelos de IA, podem iludir a deteção, comprometer os sistemas de segurança ou fazer com que as aplicações alimentadas por IA tomem decisões erradas.

Criptografia na segurança da IA/ML:

- A criptografia desempenha um papel vital no reforço da segurança dos sistemas de IA/ML, protegendo os dados sensíveis e atenuando o impacto dos ataques adversários.

- Técnicas como a encriptação homomórfica, a computação multipartidária segura (MPC) e a privacidade diferencial permitem a partilha segura de dados, a formação de modelos colaborativos e a análise com preservação da privacidade sem comprometer a confidencialidade dos dados.

Encriptação homomórfica:

- A encriptação homomórfica permite a computação em dados encriptados, permitindo que os modelos de IA/ML operem em dados sensíveis sem os expor em texto simples.

- Ao encriptar os dados antes do processamento, a encriptação homomórfica protege contra o acesso não autorizado e preserva a privacidade dos dados, mesmo quando a computação é externalizada para partes não confiáveis.

Computação Multipartidária Segura (MPC):

- A computação multipartidária segura permite que várias partes calculem conjuntamente uma função sobre os seus dados privados, preservando a confidencialidade dos dados.

- Os protocolos MPC permitem o treino colaborativo de modelos e a análise de dados sem partilhar dados em bruto, protegendo as informações sensíveis da exposição.

Privacidade diferencial:

- A privacidade diferencial garante que as consultas estatísticas não revelam informações sensíveis sobre pontos de dados individuais, mesmo quando todo o conjunto de dados é analisado.

- Ao adicionar ruído controlado às respostas às consultas, a privacidade diferencial protege a privacidade, permitindo simultaneamente uma análise significativa dos modelos de IA/ML treinados em dados sensíveis.

Aprendizagem automática com preservação da privacidade:

- As técnicas de aprendizagem automática com preservação da privacidade, como a aprendizagem federada, a agregação segura e a destilação de modelos, permitem a formação colaborativa de modelos, preservando a privacidade dos dados.

- Estas técnicas permitem às organizações tirar partido de conjuntos de dados distribuídos sem partilhar dados em bruto, reduzindo o risco de violações de dados e de privacidade.

Conclusão:

- As tecnologias de IA e ML oferecem um imenso potencial de inovação e avanço, mas também introduzem novos desafios de segurança que devem ser abordados.

- A criptografia desempenha um papel crucial na segurança dos sistemas de IA/ML, na proteção de dados sensíveis e na preservação da privacidade num mundo cada vez mais orientado para os dados.

- Ao integrar técnicas criptográficas em estratégias de segurança de IA/ML, as organizações podem mitigar os riscos colocados por ataques adversários, garantir a confidencialidade dos dados e criar confiança em sistemas e aplicações alimentados por IA.

6.7 Criptografia pós-quântica

A criptografia pós-quântica (PQC) é uma área crítica de investigação centrada no desenvolvimento de algoritmos criptográficos que permanecem seguros contra ataques de computadores clássicos e quânticos. Com a ameaça iminente de os computadores quânticos poderem quebrar sistemas criptográficos amplamente utilizados, a PQC visa garantir a segurança a longo prazo das comunicações e transacções digitais. Nesta secção, exploramos as motivações subjacentes à criptografia pós-quântica, os desafios envolvidos e os esforços em curso para desenvolver algoritmos criptográficos resistentes ao quantum.

Motivação para a criptografia pós-quântica:

- O desenvolvimento de computadores quânticos representa uma ameaça significativa para os sistemas criptográficos tradicionais, nomeadamente os que se baseiam em problemas matemáticos que podem ser resolvidos de forma eficiente por algoritmos quânticos.

- O algoritmo de Shor, por exemplo, pode fatorizar grandes números inteiros e resolver o problema do logaritmo discreto de forma eficiente, comprometendo a segurança de sistemas de criptografia de chave pública amplamente utilizados, como o RSA e o ECC.

- À medida que a tecnologia de computação quântica avança, a necessidade de algoritmos criptográficos resistentes a ataques quânticos torna-se cada vez mais urgente para salvaguardar informações sensíveis e garantir a integridade das comunicações digitais.

Desafios no desenvolvimento da criptografia pós-quântica:

- A conceção de algoritmos criptográficos pós-quânticos que ofereçam simultaneamente segurança e eficiência apresenta vários desafios.

- Os algoritmos candidatos devem resistir a ataques de computadores clássicos e quânticos, mantendo ao mesmo tempo um custo computacional e de comunicação razoável para uma utilização prática.

- Os esforços de normalização exigem uma avaliação rigorosa e a criação de consensos entre investigadores, criptógrafos e partes interessadas da indústria para selecionar e normalizar os algoritmos criptográficos pós-quânticos para uma adoção generalizada.

Categorias de algoritmos de criptografia pós-quântica:

- Os algoritmos criptográficos pós-quânticos pertencem a diferentes estruturas matemáticas, incluindo a criptografia baseada em treliça, a criptografia baseada em código, a criptografia baseada em hash e a criptografia polinomial multivariada.

- Cada categoria oferece propriedades matemáticas e pressupostos de segurança únicos, proporcionando uma gama diversificada de algoritmos candidatos à segurança pós-quântica.

Normalização e avaliação:

- Os organismos de normalização, como o National Institute of Standards and Technology (NIST) e o European Telecommunications Standards Institute (ETSI), lideram os esforços para avaliar e normalizar os algoritmos criptográficos pós-quânticos.

- Os processos de normalização envolvem várias rondas de avaliação, feedback público e análise para selecionar uma carteira de algoritmos criptográficos pós-quânticos adequados a várias aplicações e cenários de implementação.

Integração e transição:

- A integração de algoritmos criptográficos pós-quânticos em sistemas e protocolos existentes requer um planeamento e uma consideração cuidadosos.

- As organizações têm de avaliar as implicações em termos de compatibilidade, desempenho e segurança da transição para a criptografia pós-quântica, assegurando uma integração perfeita com os sistemas e infra-estruturas existentes.

Conclusão:

- A criptografia pós-quântica representa um passo crucial para garantir a segurança a longo prazo das comunicações e transacções digitais na era da computação quântica.

- Ao desenvolver e normalizar algoritmos criptográficos resistentes ao quantum, os investigadores e as partes interessadas da indústria podem atenuar os riscos colocados pelas ameaças da computação quântica e garantir a confidencialidade, a integridade e a autenticidade da informação digital na era quântica.

Conclusão

"Cifras e Escudos: A Voyage into Cryptography and Information Security" foi uma viagem abrangente através do intrincado mundo da criptografia e do seu papel vital na garantia da segurança das comunicações e transacções digitais. Ao longo do livro, explorámos conceitos fundamentais, princípios criptográficos modernos, cifras históricas e tendências emergentes na segurança da informação. Aprofundámos a criptografia simétrica e assimétrica, os protocolos criptográficos, a criptanálise e o futuro da criptografia face à computação quântica.

O livro destacou a importância da criptografia na proteção de dados sensíveis, na preservação da privacidade e na atenuação dos riscos colocados por agentes maliciosos e tecnologias emergentes. Desde as antigas técnicas de escrita secreta até aos desenvolvimentos de ponta na criptografia resistente à quântica, testemunhámos a evolução dos métodos criptográficos e a sua adaptação ao cenário de ameaças em evolução.

Além disso, o livro sublinhou a natureza interdisciplinar da criptografia, abordando as suas intersecções com áreas como a matemática, a ciência dos computadores e a teoria da informação. Destacou os esforços de colaboração de investigadores, criptógrafos, profissionais da indústria e decisores políticos no avanço da investigação, normalização e implementação criptográficas.

Ao concluirmos a nossa exploração da criptografia e da segurança da informação, é evidente que a viagem está longe de terminar. Os rápidos avanços tecnológicos, a evolução dos agentes de ameaças e os desafios emergentes exigem uma inovação e adaptação contínuas no domínio da criptografia. Quer se trate de proteger os dispositivos da Internet das Coisas (IoT), de salvaguardar os dados na era da inteligência artificial ou de se preparar para a revolução da computação quântica, a criptografia continua a ser indispensável para responder às necessidades de segurança da nossa sociedade digital.

Referências

J. RIVES CHILDS, *Solução geral do sistema de cifra ADFGVX,* Aegean Park Press, Laguna Hills, Califórnia, 2001.

H. FOUCHÉ GAINES, *Elementary Cryptanalysis: A Study of Ciphers and Their Solution,* American Cryptogram Association, Mineola, New York, 1939.

G. R. GRIMMETT E D. R. STIRZAKER, *Probability and Random Processes,* Oxford Science Publications, Oxford, 1992.

A. G. KONHEIM, "Cryptanalysis of The ADFGVX System", *IEEE Workshop on Information Theory,* Caesaria, Israel, julho de 1984.

S. KULLBACK, *Statistical Methods in Cryptanalysis,* Signals Intelligence Service, 1938; reimpresso por Aegean Park Press, Laguna Hills, Califórnia, 1976.

J. SEBERRY E J. PIEPRZYK, *Cryptography: An Introduction to Computer Security,* Prentice-Hall, Upper Saddle River, New Jersey, 1989.

C. E. SHANNON, "Communication Theory of Secrecy Systems", *Bell Systems Technical Journal,* 28, 656-715 (1949).

A. SINKOV, *Elementary Cryptanalysis,* Random House, Nova Iorque, NY, 1968.

Printed by Books on Demand GmbH, Norderstedt / Germany